Usman Wajid

ANÁLISE GENÉTICA DE UMA ANOMALIA CEREBRAL CONGÉNITA: O DANDY-WALKER

Usman Wajid

ANÁLISE GENÉTICA DE UMA ANOMALIA CEREBRAL CONGÉNITA: O DANDY-WALKER

Análise molecular 2024

ScienciaScripts

Imprint
Any brand names and product names mentioned in this book are subject to trademark, brand or patent protection and are trademarks or registered trademarks of their respective holders. The use of brand names, product names, common names, trade names, product descriptions etc. even without a particular marking in this work is in no way to be construed to mean that such names may be regarded as unrestricted in respect of trademark and brand protection legislation and could thus be used by anyone.

Cover image: www.ingimage.com

This book is a translation from the original published under ISBN 978-620-7-84336-7.

Publisher:
Sciencia Scripts
is a trademark of
Dodo Books Indian Ocean Ltd. and OmniScriptum S.R.L publishing group

120 High Road, East Finchley, London, N2 9ED, United Kingdom
Str. Armeneasca 28/1, office 1, Chisinau MD-2012, Republic of Moldova, Europe
Printed at: see last page
ISBN: 978-620-7-91200-1

ANÁLISE GENÓMICA DE UMA ANOMALIA CEREBRAL CONGÉNITA:

O DANDY-WALKER

USMAN WAJID

DEPARTAMENTO DE QUÍMICA BÁSICA E APLICADA, FACULDADE DE CIÊNCIA E TECNOLOGIA, UNIVERSIDADE DO PUNJAB CENTRAL LAHORE, PAQUISTÃO.

CORRESPONDÊNCIA: WAJIDUSMAN323@GMAIL.COM.

DEDICAÇÃO

Dedico este humilde esforço à minha mãe

"Sra. Uzma Wajid"

RESUMO

A síndrome de Dandy-Walker ou Malformação de Dandy-Walker (DWM) provoca uma rotação para cima do vermis cerebelar e hipoplasia, bem como insuflação cística do quarto ventrículo, afectando um em cada 5000 nados vivos (MIM:220200). As deficiências motoras como a hipotonia, a ataxia e o atraso no desenvolvimento motor são comuns nas pessoas afectadas e cerca de uma parte tem hidrocefalia e metade tem atraso mental. As principais causas desta malformação são anomalias cromossómicas, duplicações, microdeleções e algumas mutações de novo em seis genes. Foram identificados os dois loci genéticos 3q24 e 6p25.3 nos cromossomas humanos que causam a DWM. Os genes relacionados ZIC1 e ZIC4 estão associados ao desenvolvimento dos neurónios granulares precursores do cerebelo. A diminuição da expressão destes GNP poderia explicar a hipoplasia cerebelar devida à deleção 3q24. É importante distinguir a DWM das malformações que apresentam hipoplasia menos grave do vermis cerebelar, rotação ascendente do vermis menos percetível ou inexistente e, frequentemente, menor acumulação de líquido na fossa posterior. As crianças com DWM têm convulsões e apneia e são hipotónicas ao exame físico, desenvolvendo espasticidade mais tarde. Neste estudo, foi examinada uma família do distrito de Abbottabad, no Paquistão. Após um exame físico e uma ressonância magnética, foi determinado que o probando sofria de DWM. A sequenciação Sanger foi utilizada para examinar a causa molecular subjacente e a variante patogénica associada à DWM da família. Ao examinar os resultados da sequenciação dos probandos, não encontrámos quaisquer mutações patogénicas missense, frameshift ou causadoras de doença no gene alvo ZIC1 que resultassem na DWM hidrocefálica. Sugere-se um estudo mais aprofundado através da realização da Sequenciação do Exoma Completo (WES) para caraterizar as variantes patogénicas moleculares que causam a malformação.

Palavras-chave: Síndrome de Dandy-Walker (DWS), Malformação de Dandy-Walker (DWM), Precursor dos neurónios granulares (GNPs), Sequenciação do exoma completo (WES), Hipoplasia do verme cerebelar (CVH), Líquido cefalorraquidiano (CSF), Derivação ventrículo-peritoneal (VPS), Derivação cisto-peritoneal (CPS), Terceira ventriculostomia endoscópica (ETV).

INTRODUÇÃO

A anomalia congénita mais prevalente do cerebelo humano, a síndrome de Dandy-Walker (DWS), também conhecida como Malformação de Dandy-Walker (DWM), afecta um em cada 5000 nados-vivos (MIM:220200). O desenvolvimento de quistos na base do crânio, o alargamento do quarto ventrículo (um pequeno canal que permite que o fluido circule livremente entre as secções superior e inferior do cérebro e da medula espinal) e a ausência parcial ou total do vermis cerebelar são os principais sintomas desta síndrome (uma região do cérebro que liga os dois hemisférios cerebelares). Para além de ter um vermis cerebelar hipoplásico que se afasta do tronco cerebral, a DWM distingue-se por ter um quarto ventrículo visivelmente aumentado num crânio posterior abaulado (Millen & Gleeson, 2008).

O complexo de malformações é normalmente observado em conjunto com a hidrocefalia supratentorial, que deve ser considerada uma complicação e não um componente do complexo de malformações, uma vez que a tríade está tipicamente associada a esta. Pode ser causada por pequenas deleções, duplicações e anomalias cromossómicas, bem como por doenças mendelianas como a síndrome craniocerebelocardíaca. Sintomas neurológicos como nistagmo, atraso no desenvolvimento, taquipneia episódica, convulsões, disartria, hipotonia, ataxia e espasticidade, bem como outras anomalias do cérebro como agenesia ou disgenesia da encefalocele occipital ou do corpo caloso, estão frequentemente presentes em indivíduos com DWM. (Zanni et al., 2011). Os fenótipos humanos de DWM causados por del3q24 e del6p25.3 são visivelmente diferentes, variando entre DWM normal e hipoplasia moderada do vermis cerebelar (CVH), que se caracteriza por um vermis cerebelar mais pequeno sem o abaulamento do quarto ventrículo ou do crânio posterior presente na DWM típica. (Aldinger et al., 2009; Grinberg et al., 2004).

ETIOLOGIA

Etiologicamente, a DWM é heterogénea, tendo também sido relatada a sua incidência familiar. Existem alguns relatos de casos relacionados com genes autossómicos recessivos, mas na maioria dos indivíduos, a etiologia da deformidade de Dandy-Walker é desconhecida (Hamid, 2007). Esta deformidade tem sido associada a anomalias cromossómicas, doenças de um único gene e exposição a teratogénios. As variáveis ambientais têm sido associadas ao desenvolvimento da DWM, incluindo o álcool, as infecções maternas, a exposição intra-uterina a teratogénios e a diabetes (Haddadi et al., 2018). No entanto, a investigação atual sugere que a DWM pode ser provocada por defeitos de desenvolvimento que danificam o encéfalo do telhado do losango e induzem graus variáveis de hipoplasia verminosa e crescimento cístico. (Zamora & Ahmad, 2019). Dois fatores fisiopatológicos diferentes que podem contribuir para essa malformação complexa são a falha na fenestração do forame do quarto ventrículo, que resulta em uma bolsa de Blake aumentada e comprime o vérmis, e a interrupção do desenvolvimento de vermes. Também pode ser causada isoladamente ou em conjunto com malformações sindrómicas, distúrbios mendelianos, infecções congénitas e uma série de outras comorbilidades (Robinson, 2014). Sabe-se que vários genes, incluindo NID1, FGF17, FOXC1, LAMC1, ZIC1 e ZIC4, contêm mutações pouco comuns (Boseman et al., 2015). Nos cromossomas humanos, foram identificados até agora dois loci genéticos 3q24 e 6p25.3 que causam a DWM. Os dois genes relacionados ZIC1 e ZIC4 encontram-se no primeiro destes loci. Ambos os genes são amplamente abordados no cerebelo em desenvolvimento, juntamente com os neurónios granulares precursores (GNPs). Como o ZIC1 é responsável pela geração normal de GNP, foi proposto que a diminuição da produção de GNP poderia explicar a hipoplasia cerebelar observada nos pacientes com DWM de deleção (del) 3q24 (Grinberg et al., 2004). O FOXC1, que não é expresso ao longo do desenvolvimento cerebelar mas se encontra no mesênquima da cabeça circundante, regula a secreção de numerosos factores de crescimento, como o Tfg1 e o Bmps, e encontra-se no segundo locus da DWM (Aldinger & Elsen, 2008).

Complexo Dandy-Walker

Tradicionalmente, as malformações quísticas da fossa posterior têm sido classificadas como quisto aracnoide da fossa posterior, mega cisterna magna, malformação de Dandy-Walker e variante de Dandy Walker (Hamid, 2007). Pode não ser possível distinguir as anomalias com precisão utilizando técnicas de imagiologia. Pensa-se atualmente que a malformação de Dandy Walker, a variante e a mega cisterna magna representam um continuum de anomalias do desenvolvimento num espetro conhecido como complexo de Dandy Walker. (Altman et al., 1992).

Variante Dandy-Walker

A variação de Dandy-Walker inclui hipoplasia vermiana e alargamento quístico do quarto ventrículo, que não tem uma expansão da fossa posterior (Figura 1.1).

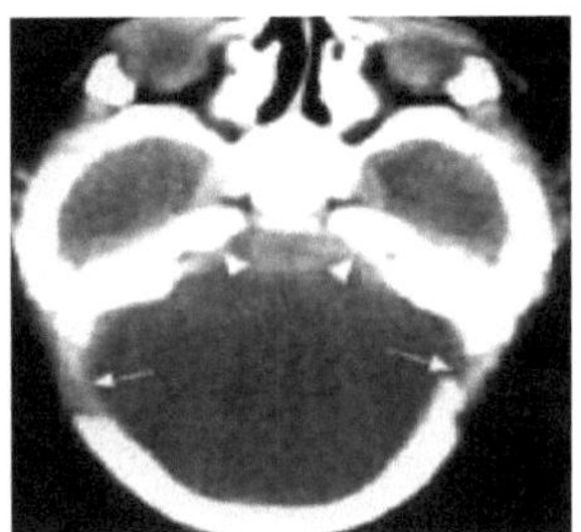

Figura 1.1: Malformação de Dandy-Walker. Uma rapariga de 13 anos com escoliose torácica tem uma variante de Dandy Walker. Um vermis inferior hipoplásico e agenesia do corpo caloso são visíveis na RM sagital ponderada em T1. A fossa posterior é tipicamente normal em tamanho, mas o quarto ventrículo está ligeiramente aumentado (Hamid, 2007).

Mega Cisterna Magna

A cisterna magna grande tem um vermis cerebelar e um quarto ventrículo normais, bem como uma fossa posterior alargada secundária a uma cisterna magna alargada (Figura 1.2).

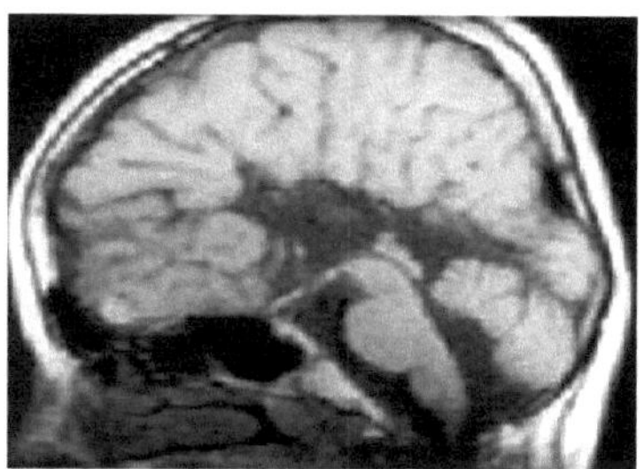

Figura 1.2: Malformação de Dandy-Walker. Mega cisterna magna. Uma grande coleção de líquido cefalorraquidiano retro cerebelar é visível na RM sagital ponderada em T1, juntamente com um quarto ventrículo e um vermis normais (Hamid, 2007).

Cisto aracnoide

Os cistos aracnóides retro cerebelares raros, mas clinicamente significativos, de origem no desenvolvimento são raros. Os verdadeiros quistos aracnóides retro cerebelares exibem um efeito de massa considerável e uma deslocação anterior do quarto ventrículo e do cerebelo. É crucial distinguir entre um cisto aracnoide da fossa posterior e uma deformidade de Dandy-Walker, pois as duas condições exigem tratamentos cirúrgicos diferentes (Figura 1.3).

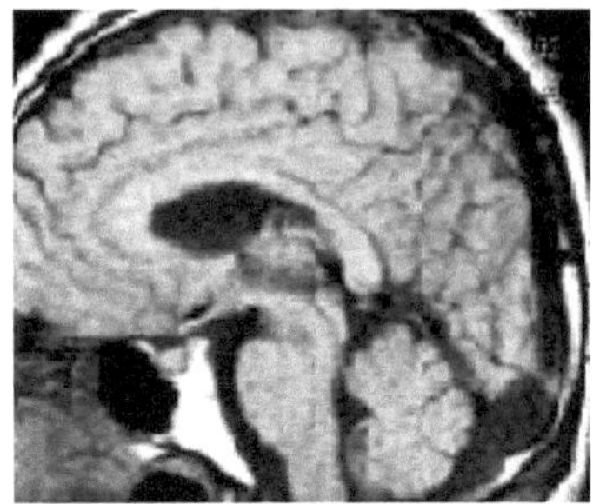

Figura 1.1: Malformação de Dandy-Walker. Menina de 15 meses com cisto aracnoide da fossa posterior e seio pilonidal lombar. Um enorme quisto da fossa posterior que está a comprimir o tronco cerebral, o vermis e os hemisférios cerebelares pode ser visto na RM sagital ponderada em T1 (Hamid, 2007).

FISIOPATOLOGIA

Quando os hemisférios cerebelares começam a desenvolver-se na nona semana de gravidez, inicia-se o desenvolvimento do cerebelo. Os hemisférios se fundem, criando o vermis. A vesícula rômbica desenvolve-se nos forames de Magendie e no plexo coroide do quarto ventrículo por volta da 10ª semana de gestação. O crescimento é induzido pela acumulação de líquido cefalorraquidiano (LCR) no interior do quarto ventrículo (Alexiou et al., 2010). Está posicionado de forma a que este defeito de desenvolvimento esteja ligado à não regressão do véu medular posterior, o que impede que uma membrana densa de aracnoide e ectoderme tome o seu lugar. O vermis cerebelar está ausente. Eventualmente, um cisto que tem a capacidade de separar os hemisférios cerebelares desenvolve-se na extremidade mais inferior do quarto ventrículo (Haddadi et al., 2018).

Diagnóstico

A ressonância magnética (RM) e a ecografia (US) são as melhores ferramentas para o diagnóstico da malformação de Dandy-Walker. Devido à sua portabilidade, à ausência de necessidade de anestesia e à capacidade de obtenção de imagens multiplanares, a US pode ser utilizada como avaliação inicial. A DWM pode ser identificada utilizando qualquer uma das seguintes técnicas.

Ultrassom

É uma técnica que analisa os tecidos e órgãos no interior do corpo utilizando ondas sonoras de alta energia. À medida que as ondas sonoras criam ecos, estes criam imagens dos tecidos e órgãos num ecrã de computador. Quando se avalia o cérebro do feto, a ecografia é frequentemente a primeira técnica de imagiologia utilizada. O tamanho e a forma da cabeça, o plexo coroide, o cerebelo, os tálamos, o cavum septum pellucidum, a prega nucal, a cisterna magna, os ventrículos laterais e a coluna vertebral devem ser avaliados como estruturas do SNC através desta modalidade e podem também revelam outras anormalidades do SNC que frequentemente se correlacionam com a DWM (Zamora & Ahmad, 2019). Como parte do exame de ultrassom do cérebro em desenvolvimento, a cisterna magna é medida. O tamanho médio foi de menos 3 mm ou 5 mais numa série de casos com 15 ou mais semanas de gestação, e o limite máximo do normal foi de 10 mm. A preocupação com anomalias congênitas da fossa posterior pode ser levantada por uma cisterna magna pronunciada durante a avaliação ultra-sonográfica fetal pré-natal. No entanto, é improvável que uma cisterna magna proeminente tenha significado clínico como um achado independente se a paciente não apresentar outras anormalidades (Zamora & Ahmad, 2019).

Imagiologia de Ressonância Magnética (MRI)

O exame dos sintomas da fossa posterior foi fundamentalmente alterado pelo desenvolvimento de ferramentas de imagiologia contemporâneas, em particular a RM. Depois de a tomografia computorizada (TC) e a ecografia (US) sugerirem um diagnóstico de malformação de Dandy-Walker, é normalmente efectuada uma RMN para avaliar minuciosamente as lesões e as consequências. A relação do quarto ventrículo com o quisto é melhor definida pela RM, que também pode identificar a rotação do vermiano e a presença de sinais de disgenesia do vermiano. O cerebelo e as estruturas relacionadas podem ser vistos claramente numa RM, o que permite aos cirurgiões avaliar a progressão da malformação e a forma que assumiu (Hamid, 2007). Além disso, a RM mostra qual a área que deve ser desviada em primeiro lugar. Recentemente, as anomalias cranioespinhais fetais tornaram-se um diagnóstico comum utilizando a RM. A capacidade de produzir imagens multiplanares, a maior resolução espacial e a ausência de radiação ionizante, que é uma preocupação, especialmente na população juvenil, são vantagens da RM em relação à tomografia computorizada (TC). Além disso, a RM é mais eficaz na deteção de anomalias cerebrais relacionadas, na determinação da gravidade da disgenesia cerebelosa e na determinação da patência do aqueduto cerebral (Naidich et al., 1993). Os principais achados imagiológicos na DWM são um vermis cerebelar caudal hipoplásico com rotação superior e uma fossa posterior expandida, juntamente com uma dilatação cística do quarto ventrículo (Figura 1.4) (Correa et al., 2011) (Figura 1.5) (Alexiou et al., 2010). Os hemisférios cerebelares podem ser empurrados contra o osso petroso pela parte cística do quarto ventrículo, que pode ocupar a maior parte da fossa posterior. O toráculo, que é elevado com um tentório muito inclinado, também pode ser mecanicamente impedido de se mover normalmente na direção caudal pelo quisto.

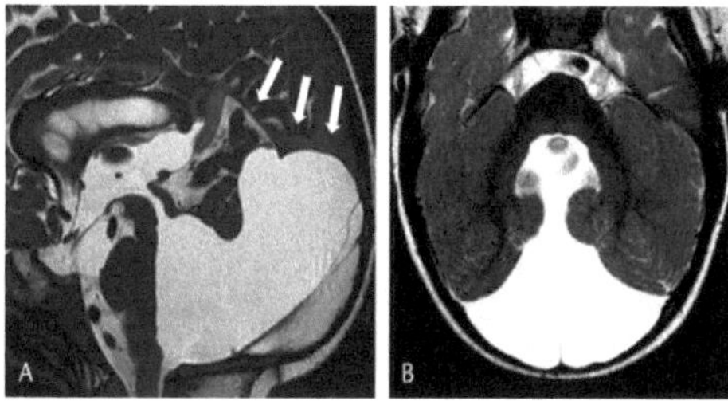

Figura 1.2: A RM CISS (A) sagital tridimensional (3D) de uma doente com DWM demonstra dilatação do quarto ventrículo, hipoplasia vermiana e uma fossa posterior alargada. Deslocamento superior do seio reto, torcular e tentório (setas). A hipoplasia vermiana é claramente visível na RM axial ponderada em T2 do mesmo paciente (B).

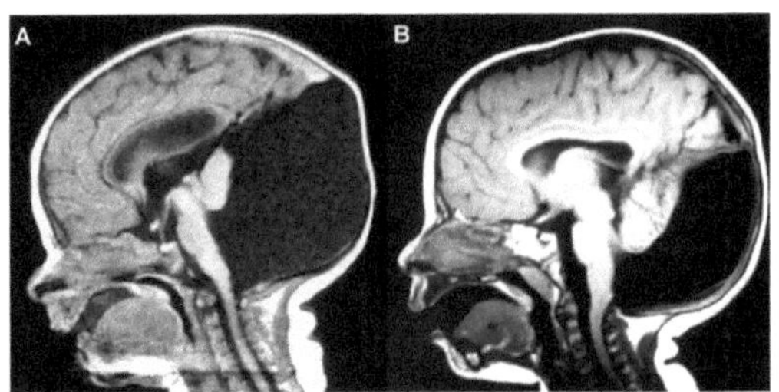

Figura 1.3: A, Numa menina de 40 dias de idade com perímetro cefálico aumentado e malformação de Dandy-Walker, uma ressonância magnética (RM) sagital revelou um vermis hipoplásico evertido sobre o quisto, um grande quisto na fossa posterior, hemisférios cerebelares e tronco cerebral hipoplásicos e escama occipital afilada. O cisto na fossa posterior foi tratado com uma derivação ventriculocistoperitoneal. B, RM sagital 2 anos depois, demonstrando uma redução no tamanho dos ventrículos laterais e do cisto da fossa posterior.

Diagnóstico diferencial

Entre as anomalias da fossa posterior consideradas no diagnóstico diferencial estão os quistos aracnóides do retro-cerebelo, os quistos da bolsa de Blake, os higromas quísticos, a megacisterna magna e a hipoplasia vermiana, que frequentemente se apresentam de forma semelhante à DWM e podem ocasionalmente estar associados à hidrocefalia. Além disso, uma série de síndromes, incluindo Aase-Smith, Coffin-Siris, Cornelia de Lange e Aicardi, bem como a síndrome cerebro-oculo-muscular, estão associadas à DWM (Correa et al., 2011). Os cistos aracnoides retro-cerebelares podem ser tão grandes que comprimem o quarto ventrículo e os hemisférios cerebelares (Correa et al., 2011). O cisto de Blake é caracterizado por um acúmulo de fluido retro-cerebelar e uma linha medial que se conecta ao quarto ventrículo. (Correa et al., 2011). Magnífica mega cisterna. A acumulação de fluido está situada, no entanto, póstero-inferiormente a um cerebelo que ainda se está a desenvolver normalmente. (Correa et al., 2011).

Tratamento

Os sintomas e as comorbilidades relacionadas são tratados como parte do tratamento. A maioria dos doentes apresenta sinais e sintomas de pressão intracraniana elevada, que estão normalmente associados à hidrocefalia e ao quisto da fossa posterior. Para diminuir a pressão intracraniana, o tratamento normalmente envolve cirurgia (Correa et al., 2011). De forma a ligar o quisto da fossa posterior às regiões subaracnoides circundantes, a primeira estratégia cirúrgica aconselhada foi a remoção da membrana na localização do quisto, logo abaixo do forame magno. (Dandy, 1914; TAGGART & WALKER, 1942). Devido ao seu carácter invasivo e às elevadas taxas de morbilidade e mortalidade, esta operação não é hoje considerada a melhor opção (DD, 1956). Atualmente, o tratamento cirúrgico mais frequente é a inserção de um shunt, embora haja desacordo sobre a melhor localização para a extremidade proximal do shunt, que pode ser implantado no ventrículo lateral (shunt ventrículo-peritoneal [VP]) ou no quarto ventrículo (shunt cisto-peritoneal) ou em ambos os locais. (Correa et al., 2011). O mau posicionamento e a migração são relativamente incomuns com shunts VP (Takami et al., 2010) e recomenda-se que o compartimento supratentorial seja descomprimido o mais rápido possível (Carmel et al., 1977; Fischer, 1973; Marinov et al., 1991). Normalmente, o quisto e o ventrículo são ambos drenados pelo shunt peritoneal do quisto, e pensa-se que a sua colocação é mais lógica porque mantém o fluxo a jusante do aqueduto a funcionar normalmente (Takami et al., 2010). Para diminuir e igualar a pressão dentro da tentorium "estenose funcional do aqueduto", as derivações combinadas são ocasionalmente utilizadas como terapia de primeira linha após a derivação VP isolada. (Hammond et al., 2002; Osenbach & Menezes, 1992). A terceira ventriculostomia endoscópica também tem sido efectuada com excelentes resultados (Cinalli, 1999; Hirsch et al., 1984) como um substituto benéfico para a implantação de um shunt em alguns doentes e como um procedimento cirúrgico minimamente invasivo com um menor risco de adesão pós-operatória do que a fenestração do quisto. (Takami et al., 2010). Em suma, os shunts ventrículo-peritoneais (VP) ou peritoneais do quisto (CP) são tratamentos cirúrgicos possíveis. Outros doentes podem ser adequados para a terceira ventriculostomia endoscópica (ETV) e também para outros procedimentos (Mohanty et al., 2006).

Gestão

Historicamente, a Síndrome de Dandy-Walker tem sido tratada de acordo com as teorias etiológicas prevalecentes na altura. Como se acreditava que a hidrocefalia era causada pelo bloqueio dos forames do 4º ventrículo, a excisão das membranas da fossa posterior para facilitar a mobilidade do LCR foi incluída nas séries iniciais. (Kleijer et al., 2011; Paladini & Volpe, 2006). Após a recolha de dados com este método, a sua fraca eficácia foi posteriormente validada em vários trabalhos, demonstrando que 75% destes indivíduos necessitavam da implantação de um shunt. (Kleijer et al., 2011). A fenestração ou excisão de membranas obstrutivas pode ainda ser uma opção de tratamento eficaz para a DWS neste momento, especialmente em crianças mais velhas (Kleijer et al., 2011; Salihu et al., 2009). O tratamento padrão atualmente aceite para a DWS é o desvio do LCR através da técnica de shunt. No entanto, o método de derivação que produz os melhores resultados é objeto de intenso debate (Salihu et al., 2009; Warf et al., 2011). Existem quatro opções contendo (1) inserção de shunt na parte supratentorial (2) inserção de shunt em cisto cerebelar (3), shunt em cisto e secções supratentoriais (dual shunt), ou 4) métodos endoscópicos envolvendo (a) Terceira Ventriculostomia Endoscópica (ETV), (b) inserção de shunt com stent de aqueduto, e (c) inserção endoscópica de um cateter proximal trans tentorial com shunt (Nigri et al, 2014; Warf et al., 2011). O curso preferido de tratamento pode envolver a implantação de shunt no cisto (CPS) sozinho. A integridade primária do aqueduto é um requisito para o sucesso da CPS, portanto, a documentação da estenose do aqueduto pode especificar qual processo precisa ser realizado inicialmente (Kleijer et al., 2011; Warf et al., 2011). A derivação ventrículo-peritoneal (DVP) é simples de executar e apresenta migração ou mau posicionamento substancialmente mínimos. Além disso, a VPS pode descomprimir rapidamente a ventriculomegalia para permitir um nível adequado de desenvolvimento cognitivo (McClelland et al., 2015; Salihu et al., 2009; Warf et al., 2011). Além disso, existem alguns distúrbios adicionais distintos, como a presença de uma meningocele occipital, que podem permitir uma abordagem mais personalizada para o tratamento de cada paciente (Nigri et al., 2014). As situações podem ser imprevisíveis para crianças com DWS. No início, depois que a condição foi reconhecida, a taxa de mortalidade aumentou claramente (Paladini & Volpe, 2006; Salihu et al., 2009). Este avanço está associado a uma melhor coordenação dos cuidados e a uma gestão eficiente da hidrocefalia. Atualmente, os problemas sistémicos, as infecções e o mau funcionamento dos shunts resultam frequentemente em mortalidade (McClelland et al., 2015; Warf et al., 2011).

Frequência

Com base em investigações de séries de casos, as estimativas de prevalência de DWM na literatura variam de 1: 25.000 a 1: 30.000 (Hirsch et al., 1984), nas quais incluem exclusivamente casos de nascidos vivos (LB). No Reino Unido, um estudo de base populacional encontrou 8,5 casos por 100.000 nascidos vivos, com 47 casos de malformação da DW e variantes da DW incluídas (Kleijer et al., 2011). De acordo com um estudo realizado em mais de 45.000 NVs no único hospital de uma região da Arábia Saudita, a prevalência foi de 1 por 100.000 nascidos vivos (Ohaegbulam & Afifi, 2001). A história natural da DWS foi investigada usando um banco de dados pediátrico nacional de sete anos, e foi encontrada uma incidência de 0,136% (McClelland et al., 2015). A incidência relatada num estudo variou de um por 2500 (James et al., 1979) a um por 100.000 nascimentos (Ohaegbulam & Afifi, 2001); no entanto, a sua coorte revelou uma incidência de 1/400 nados-vivos, o que é significativamente maior do que qualquer incidência registada anteriormente (Al-Turkistani, 2014). Mesmo quando os diagnósticos pré-natais são excluídos para reduzir o viés de encaminhamento, esse número ainda é alto. (1/800 nados-vivos).

Genética molecular

Um dos métodos para identificar doenças genéticas, como a DWM, é o teste genético. Grinberg et al. (Grinberg et al., 2004) identificaram o primeiro locus ligado à DWM em 2004. Em pessoas com deleções 3q2, a perda dos genes heterozigóticos ZIC1 e ZIC4 causa DWM; outros autores também notaram a associação deste locus com a DWM (Tohyama et al., 2011). Foi demonstrado que o ZIC1 contribui para o desenvolvimento do cerebelo do ratinho (Aruga et al., 1998) e os ratinhos com um vermis visivelmente reduzido que estavam gravemente danificados nos loci ZIC1 e ZIC4 não conseguiram sobreviver após o desmame. (Grinberg et al., 2004). Dois genes candidatos promissores (ZIC1 (MIM: 600470) e ZIC4 (MIM: 608948)), estão situados a 250 kb centroméricos da região crítica de 1,9 Mb. Sete de oito pessoas com deleções 3q tinham ambos os genes (ZIC1 e ZIC4) em estado hemizigótico, e a deleção adjacente no oitavo indivíduo alterou a expressão de ambos os genes (MIM: 220200). Por Grinberg et al., cerca de sete pessoas tinham de novo deleções intersticiais de 3q (Grinberg et al., 2004). Cada um dos sete indivíduos apresentava anomalias cognitivas significativas e três deles tinham deleções importantes que incluíam 3q22.2 e a síndrome blefarofimose-ptose-epicanto inverso (BPES; 110100), que se pensa ser causada pela codelecção do gene FOXL2 (MIM: 605597). Além disso, o gene Fork head box 1 (FOXC1), localizado no cromossoma 6p25.3, é necessário para o desenvolvimento saudável do cerebelo e está associado à DWM, bem como a outras anomalias do cerebelo e da fossa posterior. (Neste estudo, foi examinada uma família do Paquistão Khyber Pakhtunkhwa Abbottabad. Através de uma avaliação clínica e de uma ressonância magnética, foi identificada a malformação de Dandy-walker do probando. A sequenciação Sanger foi utilizada para analisar a etiologia molecular, o padrão de hereditariedade e a variante causal da malformação de Dandy-walker na família. Os principais objectivos desta investigação foram:

• Identificar genes susceptíveis associados à síndrome de Dandy-Walker em famílias consanguíneas de Abbottabad, Paquistão.

• Procurar e identificar novas variantes associadas à síndrome de Dandy-Walker.

• Análise computacional de variantes associadas a doenças patogénicas e visualização da estrutura da proteína.

METODOLOGIA

Foram recolhidas informações clínicas e amostras de sangue da família consanguínea em Abbottabad para esta investigação. Para uma investigação clínica completa, os dados clínicos, o pedigree, as fotografias e os vídeos gravados foram partilhados com os colaboradores do PIMS Islamabad. Para a extração de ADN e a análise molecular, foram recolhidas amostras de sangue de membros da família. Os médicos do PIMS de Islamabad examinaram os dados clínicos, os filmes gravados, as fotografias e o historial familiar para estabelecer um diagnóstico. A fim de nos fornecerem pormenores suficientes sobre a saúde do doente, foi também efectuada a ressonância magnética do probando. Na recolha de amostras de doentes e familiares, foram tidos em consideração a história da doença, o fenótipo comum observado, o padrão de hereditariedade, a história familiar, a idade de início, os casamentos consanguíneos na família e os registos médicos. A família visada, que consiste em quatro membros da família, os pais e o afetado, tem uma doença neurodegenerativa. Foram colhidas amostras de sangue (3-5 ml) desta família num tubo EDTA. Para eliminar a incerteza no diagnóstico da doença, foi atribuído um código a cada pedigree e a cada pessoa e utilizámos esse código para marcar os tubos EDTA. Para preservar o sangue durante períodos mais longos, este foi mantido a -20°C e a -4°C, respetivamente, até ser processado.

Extração de ADN genómico

Os tubos de sangue com EDTA foram devidamente descongelados para os fundir após terem sido retirados do congelador a -20°C. Até 200-250µl de sangue foram transferidos com uma micropipeta para tubos Eppendorf higienizados e rotulados. Em seguida, foram adicionados aos tubos rotulados produtos químicos adicionais, incluindo 300µl de tampão de lise, 5µl de Beta-

Mercaptoetanol (BME), 6μl de Proteinase-K (PK) e 200μl de tampão de diluição. Depois de adicionadas as quantidades necessárias de cada componente, o sangue e a solução de lise foram misturados através de uma técnica de vértice para produzir os resultados desejados. De seguida, procedeu-se à incubação das amostras em banho-maria durante três horas, rodando os vórtices de 20 em 20 minutos. Após três horas de incubação, os tubos Eppendorf foram carregados com 400μl de PCI (fenol-clorofórmio, álcool isoamílico), e as camadas foram obtidas por centrifugação durante nove minutos a 1300 rpm. Quando a centrifugação foi concluída, foram criadas três camadas, a primeira camada contendo o ADN genómico necessário para nós, a segunda camada contendo proteínas e a terceira camada contendo lípidos. A camada superior necessária, o sobrenadante, foi transferida para tubos Eppendorf recentemente rotulados para processamento adicional. O tubo Eppendorf que contém o sobrenadante foi então enchido com um volume comparável de isopropanol refrigerado e centrifugado a 13000 rpm durante 8 minutos, depois de ter sido armazenado a -20°C durante 40 minutos. Para extrair ADN genómico isento de contaminantes, o sobrenadante foi eliminado. Em seguida, o pellet foi centrifugado durante 5 minutos a 8000 rpm para 500μl de lavagem com etanol a 70%, após o que a solução foi eliminada. Os tubos Eppendorf foram completamente secos, colocando-os deitados sobre papel absorvente durante um curto período de tempo. A fim de dissolver o ADN em água e utilizá-lo para investigação molecular posterior, adicionámos 40μl de água bidestilada aos tubos e deixámo-los à temperatura ambiente durante algum tempo depois de terem secado completamente.

Eletroforese em gel

A eletroforese em gel foi utilizada para avaliar a quantidade e a qualidade do ADN isolado. Num balão de 250 ml, 100 ml de tampão TBE

(Tris/Borato/EDTA) foram combinados com 1 g de pó de agarose. A agarose foi aquecida durante 80-90 segundos até estar completamente dissolvida. Depois de arrefecer, adicionou-se à solução de agarose uma etiqueta fluorescente denominada brometo de etídio (EtBr), cuja concentração final é de cerca de 0,5-1 µg/ml. Após a utilização de um pente cuidadosamente posicionado para adicionar a solução de agarose ao tabuleiro de gel, esta solidificou completamente ao fim de 20 minutos. Após a preparação, o gel de agarose foi vertido para um tabuleiro de gel e revestido com tampão 1xTBE. 5µl de ADN foram então cuidadosamente colocados nos poços do gel, depois de combinados com 2µl de corante EtBr. Foram efectuados 40 minutos de eletroforese a 130 volts e 400 miliamperes. O sistema de documentação do gel permitiu a visualização do gel com luz UV.

Desenho de primers e sequenciação Sanger

A entrada Prime3 (https://bioinfo.ut.ee/primer3) foi utilizada para gerar os primers para a sequenciação Sanger, e a sequência de referência para ZIC1 foi obtida a partir do Ensemble Genome Browser (www.ensembel.org). Em seguida, foi efectuada a validação manual e Insilco PCR dos primers. 1344 pb constituíam o comprimento da sequência. Os primers forward e reverse tinham um teor de GC de 55%. O analisador de ADN ABI-3730 foi utilizado para sequenciar as amostras de ADN depois de estas terem sido enviadas para a Microgen, Coreia.

Tabela 2.1: Primers para amplificação por PCR de ZIC1

Cartilha	Sequência	Comprimento	TM
ZIC1_F	5'CCTTCAAGCTCAACCCCAGT- 3'	20 pb	59.89°C
ZIC1_R	5'CTGGGATGCGTGTAGGACTT-3'	20 pb	59.46°C

Tabela 2.2: Sequências de ligação do iniciador esquerdo e direito do ZIC1

Análise de sequências Sanger

Utilizando o software de alinhamento de sequências Bio Edit, os dados foram analisados após a sequenciação para confirmar as variações genéticas noutros doentes e membros da família afetada, bem como para confirmar o padrão de herança da família, e foi criado um cromatograma da sequência utilizando Chromas (www.technelysium.com.au).

Sequência de ADN	ATGCTCCTGGACGCCCCCCCAGTACCCAGCGATCGG CGTGACCACCTTTGGCGCGTCCCGCCACCACTCCGCG G GCGACGTGGCCGAACGAGACGTGGGCCTGGGCATCA A CCCGTTCGCCGACGGCATGGGCGCTTCAAGCTCAAC C CCAGTTCGCACGAGCTGGCTCTCGGCCGGCCAGACG GCC TTCACGTCGCAGGCCAGGCTACGCTGCGGCTGCTGC GGC CCTGGGCCATCACCATCACCCGGGCCACGTCGGCTC CT ATTCCAGCGCAGCCTTCAACTCCACGCGGGACTTTCT G TTCCGCAACCGGGGGTTGGCGACGCGGCGGCGGCGGC GGCGGCAG CCAGCGCACAGCACAGCCTCTTTGCTGCATCGGCCG GG GGCTTCGGGGGCCCACACGGCCACACGGACGCCGGG G CCACCTCCTCTTCCCCGGGCTTCACGAGCAGGCTGCC G GCCACGCGTCGCCTAACGTGGTCAACGGGCAGATGA G GCTCGGCTTCTCGGGGGACATGTACCCGCGACCGGA GC AGTACGGGGGTGACCAGCCCGCTTCGGAGCACTA TGCTGCGCCGCAGCTGCACGGCTACGGGGGGGCCCA TGAAC GTGAACATGGCCGCGCATCACGGCGGGCGCGCCTTC TT CCGCTACATGCGCCAACCCATCAAGCAAGAGCTCAT CT GCAAGTGGATCGAGCCCAGCAGCAGCTGGCCAACCC CAA AAAGTCGTGCAACAAAACTTTCAGCACCATGCACGA G CTAGTTACGCACGTCACCGTGGAGCACGTAGGTGGC CC GGAGCAGAGTAATCACATCTGCTTCTGGGAGGAGGA GTGTGC

CGCGGAGGGCAAGCCCTTCAAAGCCAAATACAAACT GGTTAACCACATCCGCGTGCACACGGGCGAGAAGCC C TTTCCCTGCCCCTTCCCTGGCTGTGGCAAGGTCTTCG GG CGCTCCGAGAATTTAAAGATCCACAAAAGGACGCAC A CAGGGGAGAAGCCCTTCAAGTGCGAGTTTGAGGGCT G TGACCGGCGCTTCGCTAACAGCAGCGACCGCAAGAA G CACATGCACGTGCACGAGCGACAAGCCCTATCTTTG CAAGATGTGCGACAAGTCCTACACGCATCCCAGTTC GC TGCGCAAACACATGAAGGTCCACGAATCCTCCTCGC AG GGCTCGCAGCCTTCGCCGGCCGCCAGCTCTGGCTAC GA ATCCTCCACGCCTCCCACCATCGTGTCTCCCTCCCTC CACAG ACAACCCGACCACAAGCTCCTTATCGCCCTCCTCCTC C GCAGTCCACCACACAGCCGGCCACAGTGCGCTCTCT CTTC CAATTTTAACGAATGGTACGTTTAA

RESULTADOS

O presente estudo incluiu um total de quatro membros de uma família consanguínea do distrito de Abbottabad em Khyber Pakhtunkhwa, Paquistão. A família foi submetida a um exame clínico e os resultados foram discutidos com neurologistas do Instituto de Neurologia da University College London e do Departamento de Neurologia do Instituto de Ciências Médicas do Paquistão, em Islamabad. Através de entrevistas a membros da família, foi criado um pedigree. Na quarta geração, havia dois indivíduos afectados. Um homem (IV-1) e uma mulher (IV-2) foram identificados como tendo o fenótipo de malformação de Dandy-Walker aos 7 e 3 anos de idade, respetivamente. Embora nenhum dos doentes (IV-1 ou IV-2) estivesse acamado, não conseguiam andar normalmente como as crianças pequenas.

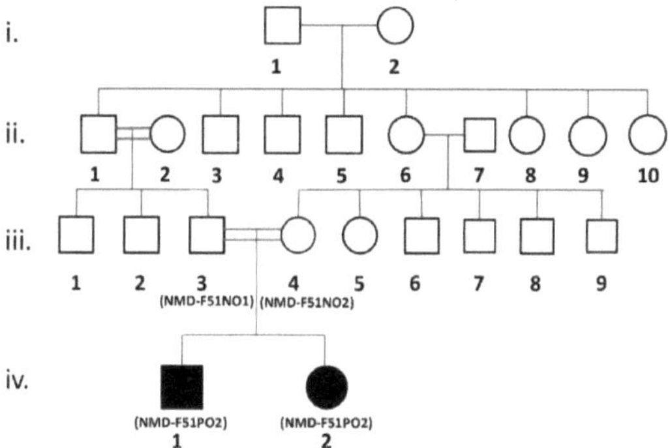

Figura 3.1: É apresentado um pedigree de uma família consanguínea com uma malformação de Dandy-Walker, com um quadrado a indicar um membro masculino da família e um círculo a indicar um membro feminino. Os círculos/quadrados sombreados representam os doentes. As imagens de doentes com o fenótipo de malformação de Dandy-Walker são mostradas abaixo.

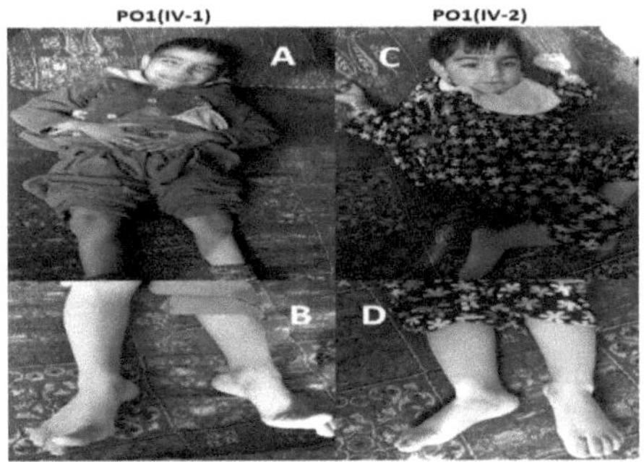

Figura 3.2: PO1(IV-1): As imagens (A e B) mostram claramente a deformidade do pé e a perda de massa muscular do membro inferior. **PO2(IV-2):** As imagens da doente do sexo feminino (C e D) mostram fraqueza nos membros inferiores e diminuição do tónus muscular.

Sintomas dos doentes

No momento da colheita de sangue e durante o exame clínico, os doentes da família visada foram observados e avaliados relativamente aos sintomas enumerados no quadro seguinte.

Tabela 3.1 Sintomas dos doentes com malformação de Dandy-Walker. Sim = Presente e Não = Ausente

Características	IV.1	IV.2
Género	Masculino	Feminino
Idade (anos)	7	3
Idade de início	Após 1 ano	Após 1 ano
Sintoma na idade de início	Atraso de desenvolvimento e intelectual deficiência	Atraso no desenvolvimento e deficiência intelectual
Cognitivo progressivo défice	Sim	Sim
Sentado (sem apoio)	Sim (até 4 anos)	Sim (até 1,5 anos)

Andar a pé (sem apoio)	Não	Não
De pé (sem apoio)	Não	Não
Atraso na fala	Não	Sim
Comportamento agressivo	Sim	Sim
Comportamento autolesivo	Sim	Sim
Hipotonia infantil que progride para hipertonia	Sim	Sim
Espasticidade	Não	Não
Fraqueza (superior e membros inferiores)	Sim	Sim
Perda de massa muscular (superior e membros inferiores)	Sim	não
Aumento do tendão profundo reflexos (membros superiores e inferiores, abanão do tornozelo)	Sim	Sim
Sinal de Babinski	Sim	Sim
Deformidade do pé	Sim (ambos os pés)	Sim (ambos os pés)
Deficiente propriocepção	Sim	Sim
Vibração prejudicada, sentido da dor e da temperatura	Não	Não
Deficiência auditiva e ptose	Não	Não
Disfunção da deglutição	Não	Não
Convulsões	Sim	Sim
Frequência das crises	3 por semana	1 por mês
Atrofia cerebelar	Sim	Sim

Ressonância magnética de Proband

A RMN de P01 e P02 foi efectuada no PIMS Islamabad.

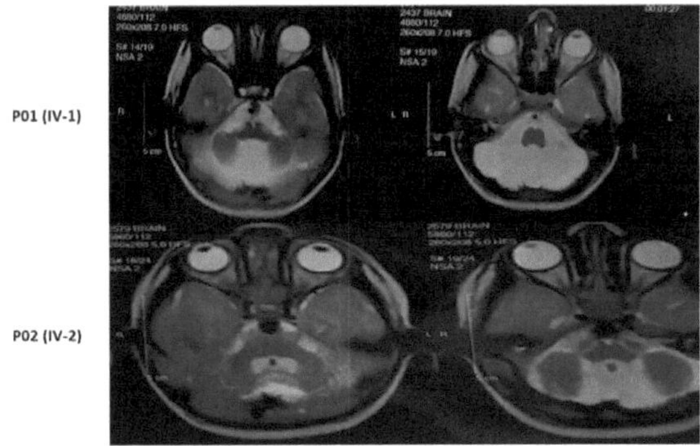

Figura 3.3: P01 (IV-1) A RMN do cérebro mostra uma acumulação de LCR na fossa posterior, bem como atrofia e hipoplasia de ambos os hemisférios cerebelares e do vermis cerebelar. **P02 (IV-2) A** ressonância magnética do cérebro revela um aumento do espaço extra-axial do LCR ao longo da convexidade cerebelar bilateral, bem como hipoplasia dos hemisférios cerebelares e do vermis. Os resultados são sugestivos de atrofia cerebelar.

Eletroforese em gel de ADN genómico

A quantidade e a qualidade do ADN isolado foram avaliadas por eletroforese em gel. Os resultados são apresentados na figura seguinte.

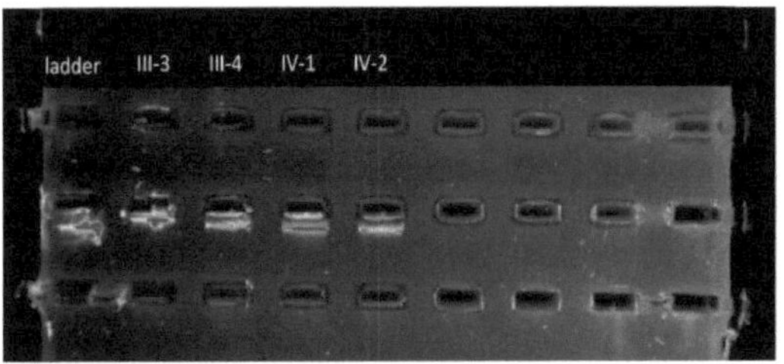

Figura 3.4: Resultado da eletroforese em gel de agarose do ADN genómico de III-3, III-4, IV-1 e IV-2.

Amplificação por PCR e sequenciação por Sanger

O ZIC1 foi amplificado utilizando

ZIC1_F: 5'-CCTTCAAGCTCAACCCCAGT-3' e

ZIC1_R: 5'-CTGGGGATGCGTGTAGGGACTT-3' primers.

A várias temperaturas de recozimento, os primers foram optimizados e a sequenciação foi realizada na Microgen Inc., Coreia. Coreia.

Análise de sequências de Sanger

Para a análise bioinformática, foram utilizados dados de sequenciação. Para verificar a sequência FASTA, foi utilizada uma ferramenta em linha denominada BLAST (https://blast.ncbi.nlm.nih.gov). Utilizando o software Bio-Edit, foi efectuado o alinhamento de sequências múltiplas para a sequência ZIC1, com a sequência de referência obtida em (www.ensembel.org). Para avaliar a variante em membros adicionais da família e o padrão de herança da variante patogénica, o ficheiro obtido, um ficheiro.ab1, foi utilizado para gerar um cromatograma no programa editor de alinhamento de sequências Bio Edit.

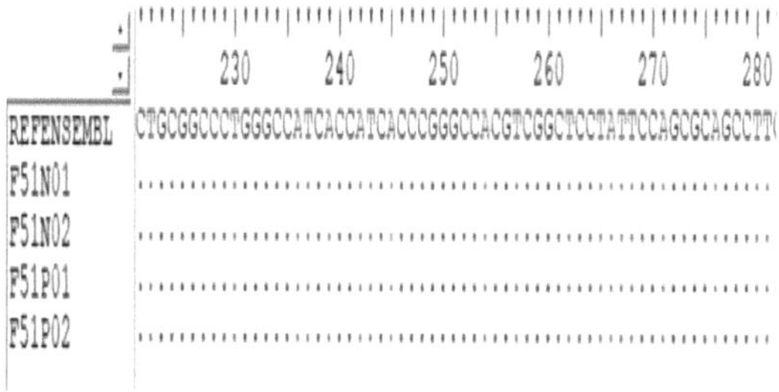

Figura 3.5 Resultados do alinhamento da sequência múltipla do gene ZIC1 na sequenciação Sanger

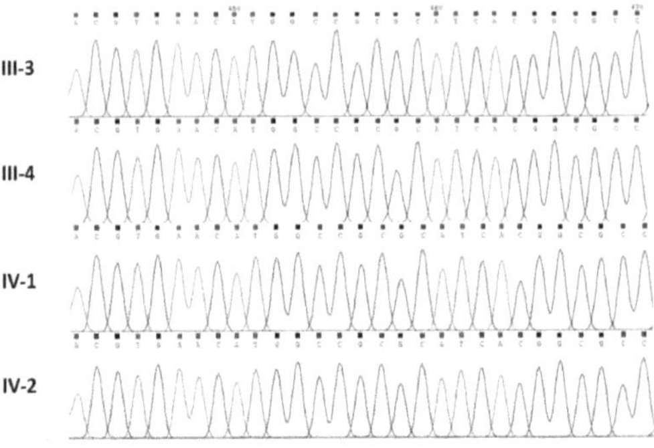

Figura 3.6 Cromatogramas de sequenciação Sanger para os quatro membros da família alvo. III-3 e III-4 são os membros normais da família (pais dos doentes) e IV-1 e IV-2 são os doentes da família alvo. Não foi detectada qualquer mutação para a variante patogénica no gene ZIC1, que foi sequenciado através da sequenciação Sanger. O cromatograma dos quatro membros mostrou que não há perda heterozigótica do gene ZIC1.

Interação da proteína ZIC1

A ZIC1, uma proteína de dedo de zinco, é um ativador transcricional. envolvida na neurogénese, desempenha um papel importante nas fases iniciais da organogénese do SNC, bem como no desenvolvimento da medula espinal dorsal e na maturação do cerebelo. A proteína D3 da caixa de forquilha (FOXD3) é um repressor transcricional que se liga à sequência consensual 5'-A[AT]T[AG]TTTGTTT-3' e ativa a transcrição. Além disso, estimula o desenvolvimento de células da crista neural a partir de progenitores do tubo neural e impede a diferenciação de interneurónios, limitando as células progenitoras neurais à linhagem da crista neural. Teneurina-2, também conhecida como Proteína Transmembranar da Teneurina

2 (TENM2), é um componente do desenvolvimento neural que controla o estabelecimento de conetividade adequada no sistema nervoso. incentiva as células neuronais a desenvolver cones de crescimento e filopódios maiores.

Fator de transcrição 7- like 2 (TCF7L2); Contribui para a via de sinalização Wnt e controla a expressão de MYC ligando-se ao seu promotor de uma forma específica da sequência.

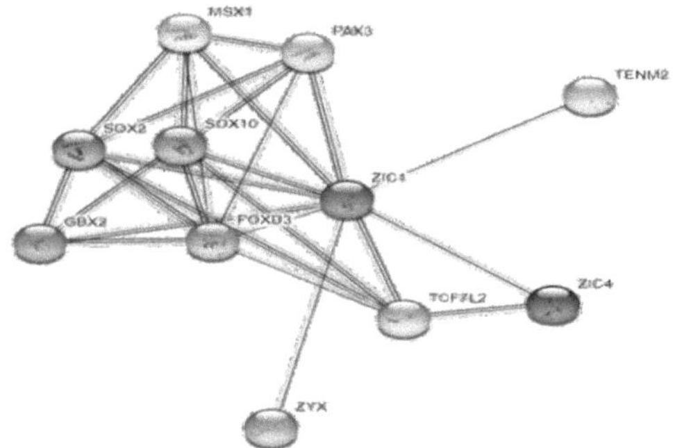

Figura 3.7 Interacções da proteína ZIC1 com outras proteínas utilizando a rede de associação funcional de proteínas STRING.

3.8 Modelo de Homologia de Proteínas

Foi previsto um modelo de proteína utilizando o método de reconhecimento de dobras com uma sequência de aminoácidos que foi carregada para o servidor I-TASSER (https://zhanglab.dcmb.med.umich.edu/I-TASSER). O Discovery Studio Visualizer criou uma visualização da estrutura selvagem.

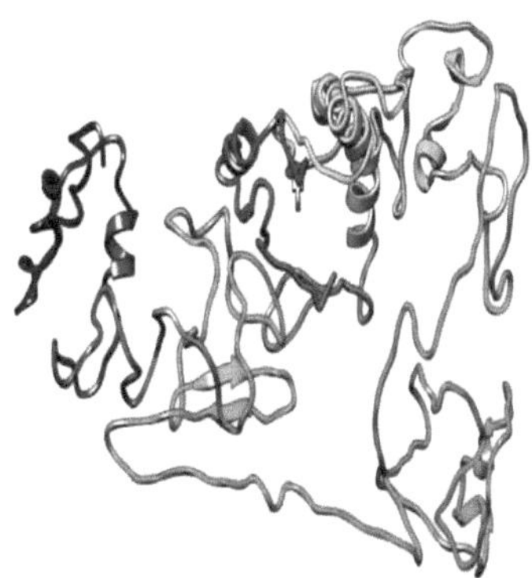

Figura 3.8 Modelo proteico da proteína ZIC1 previsto por I-TASSER

DISCUSSÃO

A DWM tem uma base genética complexa, e os genes envolvidos ainda estão amplamente indefinidos. De acordo com a investigação de (Grinberg et al., 2004), a perda heterozigótica de ZIC1 e ZIC4 que resulta na DWM em pessoas com deleções 3q2, juntamente com a baixa probabilidade de recorrência clínica em seres humanos e a expressividade variável relatada tanto em seres humanos como em ratinhos, levou os investigadores a colocar a hipótese de que a alteração dos loci pode ter um impacto na malformação. Uma doente de 21 anos foi estudada por (Tohyama et al., 2011), e os resultados do seu teste FISH indicaram que tinha uma deleção intersticial do cromossoma 3q23 a 3q25.1, para além da deleção heterozigótica de ZIC1 e ZIC4 em 3q24. Após a descoberta do primeiro locus significativo da DWM, (DeScipio et al., 2005) identificaram 6 crianças com deleções sub teloméricas 6p25, o segundo locus da DWM, e (Aldinger et al., 2009) relataram que a DWM era causada por uma variante no FOXC1 em 6p25.3. Num doente do sexo masculino com uma deleção heterozigótica de 2q distal, foi descoberto um potencial locus para DWM com uma cefalocele occipital em 2q36.1 por análise de ligação relatada por (Jalali et al., 2008) em 2008.

O padrão de hereditariedade da sua família era autossómico dominante. Num estudo, as áreas de codificação de três genes DVL foram sequenciadas em 480 controlos adultos chineses Han e em 176 bebés nados-mortos ou abortados com defeitos do tubo neural (DTN) ou malformação de Dandy-Walker (DWM). A descoberta de quatro mutações raras - DVL1 p.R558H, DVL1 p.R606C, DVL2 p.R633W e DVL3 p.R222Q - indica que estas mutações, em particular DVL2 p.R633W, podem ser responsáveis por doenças neurais humanas como NTDs e DWM através da obstrução das vias de sinalização Wnt (Wingless-related integration site) (Liu et al., 2020). Um feto DWM detectado por ultrassom em um estudo de caso de Sun Y et al. concordou com o teste genético, que revelou uma microduplicação de 12p13.33p11.1 e uma microdeleção de 15q11.2 em uma matriz de polimorfismo de nucleotídeo único (SNP) de 750K, bem como a variante cariotípica 46,XX,der(8)(8pter8q24::12p (Liu et al., 2020). Os factores de crescimento dos fibroblastos (FGFs) são importantes moléculas de sinalização que actuam durante o desenvolvimento inicial do sistema nervoso central dos vertebrados. O FGF17 e o FGF8 têm um papel crucial na modelação da área do rombencéfalo médio com um quadro complicado de expressão genética espácio-temporal durante as diferentes fases do desenvolvimento cerebelar. Quando Zanni G et al. efectuaram a análise da expressão genética em linfócitos sanguíneos e fibroblastos cutâneos, verificou-se que uma rapariga com grave atraso de crescimento, convulsões e a clássica malformação de Dandy-Walker apresentava uma deleção de novo de 2,3 Mb do cromossoma 8p21.2-p21.3. Entretanto, o FGF17, que se situa a 1 Mb do ponto de quebra da deleção proximal, apresentou níveis visivelmente reduzidos. (Sun et al., 2021). Foi demonstrado que a regulação negativa da transcrição do gene FGF17 é a primeira causa conhecida de uma malformação cerebelar em humanos.

De acordo com Lida A. et al., um paciente japonês com DWM tinha uma nova deleção intragênica de 13,5 kb em OPHN1 que afetava os exons 11 a 15, que é o primeiro registo de uma deleção OPHN1 em um paciente DWM do Japão (Sun et al., 2021). Neste estudo, utilizámos a sequenciação de Sanger para encontrar uma nova variante homozigótica ou perda heterozigótica numa família consanguínea do distrito de Abbottabad com sintomas de uma malformação de Dandy-Walker que apareceu pela primeira vez em crianças. Dois probandos da família tinham pais normais e foram ambos diagnosticados com DWM através de RMN e do seu fenótipo. O gene ZIC1 foi selecionado para encontrar as novas mutações, sendo um bom gene candidato para a malformação. Ao analisar os resultados da sequenciação dos probandos, não encontrámos qualquer mutação missense ou frameshift nem qualquer variante patogénica causadora de doença no gene visado que fosse responsável pela DWM hidrocefálica. A sequenciação do exoma completo deve ser realizada para identificar a nova variante patogénica ou a perda heterozigótica do cromossoma, tal como relatado anteriormente em muitos estudos.

CONCLUSÃO

Foi identificada uma malformação de Dandy-Walker numa família que vivia no distrito de Khyber Pakhtunkhwa Abbottabad com base nos seus sinais e sintomas clínicos e na ressonância magnética. A família era constituída por dois doentes e dois pais saudáveis. Não foi possível identificar quaisquer mutações patogénicas missense, frameshift ou causadoras de doença no gene visado que causaram a DWM hidrocefálica através da análise dos resultados da sequenciação dos probandos. Por conseguinte, recomendamos a sequenciação de todo o exoma ou de todo o genoma da família para uma melhor compreensão da caraterização molecular da doença. Com base nos achados clínicos e imagiológicos numa família do distrito de Abbottabad, Khyber Pakhtunkhwa, foi estabelecido o diagnóstico de malformação de Dandy-Walker (DWM). O estudo envolveu dois doentes afectados e os seus dois pais saudáveis. Apesar da realização de sequenciação genética orientada nos probandos, não foram identificadas mutações patogénicas missense, frameshift ou causadoras de doença nos genes associados à hidrocefalia, uma complicação comum da DWM. Este resultado sugere que a base genética da DWM nesta família em particular pode envolver variantes fora dos genes atualmente visados ou de regiões reguladoras não abrangidas pela abordagem inicial de sequenciação. O estudo sublinha a complexidade dos factores genéticos que contribuem para a DWM e destaca as limitações dos testes genéticos direccionados em alguns casos. Para avançar, os investigadores recomendam a sequenciação do exoma completo (WES) ou a sequenciação do genoma completo (WGS) de toda a família. Estas técnicas genómicas avançadas oferecem uma cobertura mais ampla do genoma, incluindo regiões não codificantes e potenciais elementos reguladores que podem influenciar a expressão da doença. Ao utilizar a WES ou a WGS, os investigadores pretendem mapear de forma abrangente o panorama genético da DWM na família, potencialmente descobrindo novas variantes ou modificadores genéticos que contribuem para o fenótipo. Para além de aperfeiçoar o diagnóstico genético, o WES ou o WGS podem fornecer informações sobre os mecanismos moleculares subjacentes à DWM. A identificação de variantes causais através destas abordagens pode elucidar vias específicas envolvidas no desenvolvimento do cérebro e nas anomalias cerebelares, informando estratégias terapêuticas direccionadas ou aconselhamento genético. Além disso, a compreensão da arquitetura genética da DWM nesta família poderá contribuir para esforços de investigação mais alargados, com vista ao desenvolvimento de tratamentos personalizados e à melhoria do prognóstico dos indivíduos afectados por esta complexa anomalia cerebral congénita.

PERSPECTIVA DE FUTURO

A descoberta de uma malformação de Dandy-Walker (DWM) numa família do distrito de Abbottabad, Khyber Pakhtunkhwa, realça a necessidade crítica de mais investigação genética. Apesar das manifestações clínicas e da confirmação por ressonância magnética em dois indivíduos afectados e nos seus pais assintomáticos, a sequenciação orientada não conseguiu descobrir mutações patogénicas associadas à hidrocefalia, uma complicação comum da DWM, o que sublinha a complexidade dos fundamentos genéticos da DWM e sugere que as mutações causadoras podem estar fora dos alvos genéticos atualmente conhecidos. Para avançar na nossa compreensão, a investigação futura deve centrar-se em abordagens abrangentes, como a sequenciação do exoma completo (WES) ou a sequenciação do genoma completo (WGS) de toda a família. A WES e a WGS oferecem uma cobertura mais ampla do genoma, permitindo a deteção de variantes raras ou novas que podem contribuir para a patologia da DWM. Estas técnicas não só facilitam a identificação de potenciais mutações causadoras de doenças, como também fornecem informações sobre os mecanismos moleculares subjacentes à DWM. Ao examinar todo o panorama genético da família, os investigadores podem descobrir variantes em regiões não codificantes ou elementos reguladores que podem influenciar a suscetibilidade ou a gravidade da doença. Além disso, uma análise genómica abrangente pode revelar modificadores ou interacções genéticas que contribuem para a expressividade variável observada nas famílias afectadas. Esta abordagem holística é promissora para elucidar a arquitetura genética da DWM e informar estratégias de cuidados de saúde personalizados, incluindo o diagnóstico precoce e intervenções terapêuticas orientadas para os perfis genéticos específicos dos indivíduos afectados.

REFERÊNCIAS

Al-Turkistani, H. K. (2014). Síndrome de Dandy-walker. Jornal de Ciências Médicas da Universidade de Taibah, 9(3), 209-212. https://doi.org/10.1016/j.jtumed.2014.01.005

Aldinger, K. A., & Elsen, G. E. (2008). Ptf1a é um determinante molecular para neurónios glutamatérgicos e GABAérgicos no rombencéfalo. In Journal of Neuroscience (Vol. 28, Issue 2, pp. 338-339). https://doi.org/10.1523/JNEUROSCI.5139-07.2008

Aldinger, K. A., Lehmann, O. J., Hudgins, L., Chizhikov, V. V, Bassuk, A. G., Ades, L. C., Krantz, I. D., Dobyns, W. B., & Millen, K. J. (2009). FOXC1 é necessário para o desenvolvimento cerebelar normal e é um dos principais contribuintes para o cromossoma 6p25. 3 Malformação de Dandy-Walker. Nature Genetics, 41(9), 1037-1042.

Alexiou, G. A., Sfakianos, G., & Prodromou, N. (2010). Malformação de Dandy-walker: Análise de 19 casos. Journal of Child Neurology, 25(2), 188-191. https://doi.org/10.1177/0883073809338410

Altman, N. R., Naidich, T. P., & Braffman, B. H. (1992). Posterior fossa malformations. AJNR: American Journal of Neuroradiology, 13(2), 691.

Aruga, J., Minowa, O., Yaginuma, H., Kuno, J., Nagai, T., Noda, T., & Mikoshiba, K. (1998). Mouse Zic1 is involved in cerebellar development. Journal of Neuroscience, 18(1),284-293. https://doi.org/10.1523/jneurosci.18-01-00284.1998

Boseman, T., Orman, G., Boltshauser, E., Tekes, A., Huisman, T. A. G. M., & Poretti, A. (2015). Anomalias congénitas da fossa posterior. Radiographics, 35(1), 200-220. https://doi.org/10.1148/rg.351140038

Carmel, P. W., Antunes, J. L., Hilal, S. K., & Gold, A. P. (1977). Síndrome de

Dandy-Walker: características clínico-patológicas e reavaliação dos modos de tratamento. Surgical Neurology, 8(2), 132-138.

Cinalli, G. (1999). Alternativas à derivação. Child's Nervous System, 15(11), 718-731.

Correa, G. G., Amaral, L. F., & Vedolin, L. M. (2011). Neuroimagem da malformação de Dandy- Walker: Novos conceitos. Topics in Magnetic Resonance Imaging, 22(6), 303-312. https://doi.org/10.1097/RMR.0b013e3182a2ca77

DD, M. (1956). Obstrução pré-natal do quarto ventrículo. The American Journal of Roentgenology, Radium Therapy, and Nuclear Medicine, 76(3), 499-506.

DeScipio, C., Schneider, L., Young, T. L., Wasserman, N., Yaeger, D., Lu, F., Wheeler, P. G., Williams, M. S., Bason, L., & Jukofsky, L. (2005). Deleções subteloméricas do cromossoma 6p: Caracterização molecular e citogenética de três novos casos com sobreposição fenotípica com a síndrome de Ritscher-Schinzel (3C). American Journal of Medical Genetics Part A, 134(1), 3-11.

Fischer, E. G. (1973). Síndrome de Dandy-Walker: uma avaliação do tratamento cirúrgico. Journal of Neurosurgery, 39(5), 615-621.

Grinberg, I., Northrup, H., Ardinger, H., Prasad, C., Dobyns, W. B., & Millen, K.

J. (2004). A deleção heterozigótica dos genes ligados ZIC1 e ZIC4 está envolvida na malformação de Dandy-Walker. Nature Genetics, 36(10), 1053-1055. https://doi.org/10.1038/ng1420

Haddadi, K., Zare, A., & Asadian, L. (2018). Síndrome de Dandy-Walker: Uma revisão do novo diagnóstico e gestão em crianças. Journal of Pediatrics Review, 6(2), 4-9. https://doi.org/10.5812/jpr.63486

Hamid, H. A. (2007). Malformação de Dandy-Walker. 8(2).

Hammond, C. J., Chitnavis, B., Penny, C. C., & Strong, A. J. (2002). Complexo de Dandy-Walker e siringomielia num adulto: relato de caso e discussão. Neurosurgery, 50(1), 191-194.

Hirsch, J.-F., Pierre-Kahn, A., Renier, D., Sainte-Rose, C., & Hoppe-Hirsch, E. (1984). A malformação de Dandy-Walker: uma revisão de 40 casos. Journal of Neurosurgery, 61(3), 515-522.

Jalali, A., Aldinger, K. A., Chary, A., Mclone, D. G., Bowman, R. M., Le, L. C., Jardine, P., Newbury-Ecob, R., Mallick, A., & Jafari, N. (2008). Ligação ao cromossoma 2q36. 1 na malformação autossómica dominante de Dandy-Walker com cefalocele occipital e evidência de heterogeneidade genética. Human Genetics, 123(3), 237-245.

James, H. E., Kaiser, G., Schut, L., & Bruce, D. A. (1979). Problemas de diagnóstico e tratamento na síndrome de Dandy-Walker. Pediatric Neurosurgery, 5(1), 24-30.

Kleijer, W. J., van der Sterre, M. L. T., Garritsen, V. H., Raams, A., & Jaspers, N. G. J. (2011). Evolução da deteção pré-natal de defeitos do tubo neural na população grávida da cidade de Barcelona de 1992 a 2006. Prenatal Diagnosis, 31(10), 1184-1188. https://doi.org/10.1002/pd

Liu, L., Liu, W., Shi, Y., Li, L., Gao, Y., Lei, Y., Finnell, R., Zhang, T., Zhang, F., & Jin, L. (2020). Mutações DVL identificadas a partir de defeitos do tubo neural humano e malformação de Dandy-Walker obstruem a via de sinalização Wnt. Journal of Genetics and Genomics, 47(6), 301-310.

Marinov, M., Gabrovsky, S., & Undjian, S. (1991). A síndrome de Dandy-Walker: considerações diagnósticas e cirúrgicas. British Journal of Neurosurgery, 5(5), 475-483.

McClelland, S., Ukwuoma, O. I., Lunos, S., & Okuyemi, K. S. (2015). A história natural da síndrome de dandy-walker nos estados unidos: Uma análise de base populacional. Journal of Neurosciences in Rural Practice, 6(1), 23-26. https://doi.org/10.4103/0976-3147.143185

Millen, K. J., & Gleeson, J. G. (2008). Cerebellar development and disease. Current Opinion in Neurobiology, 18(1), 12-19. https://doi.org/10.1016/J.CONB.2008.05.010

Mohanty, A., Biswas, A., Satish, S., Praharaj, S. S., & Sastry, K. V. R. (2006). Opções de tratamento para a malformação de Dandy-Walker. Journal of Neurosurgery: Pediatria, 105(5), 348-356.

Naidich, T. P., Altman, N. R., & Gonzalez-Arias, S. M. (1993). Imagem de ressonância magnética cine de contraste de fase: oscilação normal do líquido cefalorraquidiano e aplicações à hidrocefalia. Neurosurgery Clinics of North America, 4(4), 677-705.

Nigri, F., Fiuza Cabral, I., Boy da Silva, R. T., Viscaíno Pereira, H., & Telles Ribeiro, C. R. (2014). Malformação de Dandy-walker e associação com síndrome de down: Bom resultado desenvolvimental e tratamento endoscópico da hidrocefalia com sucesso. Case Reports in Neurology, 6(2), 156-160. https://doi.org/10.1159/000363179

Ohaegbulam, S. C., & Afifi, H. (2001). Síndrome de Dandy-Walker: incidência numa população definida de Tabuk, Arábia Saudita. Neuroepidemiology, 20(2), 150- 152.

Osenbach, R. K., & Menezes, A. H. (1992). Diagnóstico e tratamento da malformação de Dandy-Walker: 30 years of experience. Pediatric Neurosurgery, 18(4), 179-189.

Paladini, D., & Volpe, P. (2006). Morfometria da fossa posterior e do vermiano na caraterização de anomalias cerebelares fetais: Um estudo prospetivo de ultrassom tridimensional. Ultrasound in Obstetrics and Gynecology, 27(5), 482-489. https://doi.org/10.1002/uog.2748

Robinson, A. J. (2014). Hipoplasia do vermelhão inferior - Preconceito, equívoco. Ultrassom em Obstetrícia e Ginecologia, 43(2), 123-136. https://doi.org/10.1002/uog.13296

Salihu, H. M., Kornosky, J. L., Alio, A. P., & Druschel, C. M. (2009). Disparidades raciais na mortalidade entre bebés com síndrome de Dandy-Walker. Journal of the National Medical Association, 101(5), 456-461.

Stambolliu, E., Ioakeim-Ioannidou, M., Kontokostas, K., Dakoutrou, M., & Kousoulis, A. A. (2017). As comorbidades mais comuns em pacientes com síndrome de Dandy-Walker: Uma revisão sistemática de relatos de casos. Journal of Child Neurology, 32(10), 886-902. https://doi.org/10.1177/0883073817712589

Sun, Y., Zhang, N., Tian, H., Zhang, P., & Li, Y. (2021). Diagnóstico pré-natal da malformação de Dandy-Walker associada à trissomia parcial 12p e deleção distal 15q. Journal of Genetics, 100(2), 1-4.

TAGGART, J. K., & WALKER, A. E. (1942). Atresia congénita dos forames de Luschka e Magendie. Archives of Neurology & Psychiatry, 48(4), 583- 612.

Tohyama, J., Kato, M., Kawasaki, S., Harada, N., Kawara, H., Matsui, T., Akasaka, N., Ohashi, T., Kobayashi, Y., & Matsumoto, N. (2011). Malformação de Dandy-Walker associada à deleção heterozigótica de ZIC1 e ZIC4: Relato de um novo paciente. American Journal of Medical Genetics, Parte A, 155(1), 130-133. https://doi.org/10.1002/ajmg.a.33652

Warf, B. C., Dewan, M., & Mugamba, J. (2011). Gestão da hidrocefalia infantil associada ao complexo de Dandy-Walker por terceira ventriculostomia endoscópica combinada e cauterização do plexo coroide. Journal of

Neurosurgery: Pediatria, 8(4), 377-383.

Zamora, E. A., & Ahmad, T. (2019). Malformação de Dandy Walker.

Zanni, G., Barresi, S., Travaglini, L., Bernardini, L., Rizza, T., Digilio, M. C., Mercuri, E., Cianfarani, S., Valeriani, M., Ferraris, A., Da Sacco, L., Novelli, A., Valente, E. M., Dallapiccola, B., & Bertini, E. S. (2011). FGF17, um gene envolvido no desenvolvimento cerebelar, é regulado negativamente em um paciente com malformação de Dandy-Walker portador de uma deleção de novo 8p. Neurogenetics, 12(3), 241-245. https://doi.org/10.1007/s10048-011-0283-8

ÍNDICE DE CONTEÚDOS

Printed by Books on Demand GmbH, Norderstedt / Germany